Bibliografische Information der Deutschen Nationalbibliothek:

Die Deutsche Bibliothek verzeichnet diese Publikation in der Deutschen National-
bibliografie; detaillierte bibliografische Daten sind im Internet über http://dnb.d-
nb.de/ abrufbar.

Impressum:

Copyright © 2018 GRIN Verlag
Druck und Bindung: Books on Demand GmbH, Norderstedt Germany
ISBN: 9783668914964

Jannis Schröder

Eine ökologische Katastrophe. Kann der Aralsee noch gerettet werden?

GRIN Verlag

GRIN - Your knowledge has value

Der GRIN Verlag publiziert seit 1998 wissenschaftliche Arbeiten von Studenten,
Hochschullehrern und anderen Akademikern als eBook und gedrucktes Buch. Die
Verlagswebsite www.grin.com ist die ideale Plattform zur Veröffentlichung von
Hausarbeiten, Abschlussarbeiten, wissenschaftlichen Aufsätzen, Dissertationen
und Fachbüchern.

Besuchen Sie uns im Internet:

http://www.grin.com/

http://www.facebook.com/grincom

http://www.twitter.com/grin_com

Der Aralsee: Eine ökologische Katastrophe - Kann er noch gerettet werden?

ERDKUNDE

JANNIS SCHRÖDER

EINSTEIN-GYMNASIUM | Fürst-Bentheim-Straße 60, 33378 Rheda-Wiedenbrück | Schuljahr 2017/2018

Inhaltsverzeichnis

1. Einleitung

Vor einigen Wochen habe ich im Fernsehen eine interessante und zugleich erschreckende Dokumentation über den Aralsee gesehen. Auch noch danach habe ich über diese Dokumentation nachgedacht...

Der Aralsee, einst der viertgrößte See der Erde, bot mit seiner enormen Größe über einen Zeitraum von mehreren tausend Jahren vielen Menschen und Lebewesen einen Lebensraum. Es gab in und um den Aralsee herum eine große Artenvielfalt. Die Menschen in diesem Kulturraum, der zu den ältesten der Welt gehört, lebten traditionell als Nomaden oder Bauern in Oasen.

Mit der Zeit änderte sich die Situation: Abbau von Rohstoffen, Produktion von Chemikalien und rücksichtslose Bewässerung von Anbauflächen entlang seiner Zuflüsse ließen ihn in unfruchtbares Ödland verwandeln.

Diese Katastrophe wurde, wie viele andere auch, vom Menschen hervorgerufen. Häufig wird sie auch als eine der größten vom Menschen verursachten Katastrophen bezeichnet. So liest man zum einen Schlagzeilen wie „Umweltkatastrophe am Aralsee", „Wasserstreit in Zentralasien", „Wem gehört das Wasser?", „Elektrizität oder Baumwolle?" und „A Man-Made Desert". Zum anderen allerdings gibt es, wenn auch nur kleine, Hoffnungsschimmer und es finden sich auch Artikel, welche von der „Rettung für den Aralsee" sprechen.

...So habe ich mich schließlich für das Thema „Der Aralsee: eine ökologische Katastrophe – Kann er noch gerettet werden?" entschieden.

Ich möchte die in meinem Thema integrierte Fragestellung „Kann er noch gerettet werden?" beantworten und die beiden oben genannten Seiten – Umweltkatastrophe und Rettung des Aralsees – aufzeigen, um mir selbst, aber auch dem Leser, einen besseren und strukturierteren Überblick über die Situation in Zentralasien zu machen.

Auf den folgenden Seiten werde ich unter anderem darstellen, wie es dort um die kostbare Ressource Wasser steht, wie die Menschen in der Region die Natur beeinflussen und welche Auswirkungen dieses Handeln mit sich bringt.

2. Der Aralsee vor 1960

Der Aralsee liegt bei 45 Grad nördlicher Breite und 60 Grad östlicher Länge im ehemals sowjetischen Zentralasien in der Turansenke und ist damit ein Endsee.[1] Die nördliche Hälfte des Sees lag in Kasachstan, die südliche in Usbekistan (vgl. Anhang Abbildung 1).

Durch tektonische Bewegungen entstand vor rund 3 bis 5 Millionen Jahren die Aral- bzw. Turansenke, die durch das Ustjurt-Plateau im Osten von der Kaspischen Senke und damit auch von dem Kaspischen Meer getrennt ist. Die Turansenke ist begrenzt von der Karakum-Wüste im Norden und im Süden und von der Kysylkum-Wüste im Westen.

Vor 150 000 Jahren wandte sich der erste von zwei Flüssen, der Paläo-Oxus, heute bekannt als Amudarja, welcher an der Grenze von Afganistan und Tadschikistan aus der Vereinigung seiner Quellflüsse Pandsch und Wachsch entsteht, der Senke zu. Erstes Wasser sammelte sich unterirdisch als auch oberirdisch an. Im Laufe der Zeit speiste auch der Fluss Syrdarja, welcher durch den Zusammenfluss von Naryn und Karadarja, zweier aus Kirgistan kommenden Quellflüsse, entsteht, den Aralsee.

Anrainerstaaten der beiden Flüsse Amudarja und Syrdarja sind die ehemals sowjetischen Republiken Kasachstan, Usbekistan, Turkmenistan, Tadschikistan, Kirgistan und Afghanistan.

„Im Wesentlichen stammen die Gewässer [jedoch] [...] aus den Eiszeiten, die jüngsten entstanden also vor mehr als 20 000 Jahren."[2] Vor rund 5000 Jahren bildete sich die Wasserfläche, die man bis 1960 kannte.

Durch den gleichmäßigen ober- und unterirdischen Wasserzufluss als auch durch die gleichmäßige Verdunstung entstand ein Gleichgewicht, sodass das Wasserniveau keinen großen Schwankungen ausgesetzt war.[3]

Mit einem Wasserniveau von 53,0 m ü. NN, einem Wasservolumen von 1089 km³ und einer Wasseroberfläche von 67.499 km² [4] war der Aralsee „[...] bis Mitte des 20. Jahrhunderts das viertgrößte Binnengewässer der Erde.".[5]

Das Klima am Aralsee ist arid; die monatlichen Niederschläge liegen unter 20 mm. Die Temperaturen liegen im Durchschnitt im Januar bei -13 Grad Celsius und 26 Grad Celsius im Juni und Juli.

---

[1] Ein Endsee ist ein abflussloser See.
[2] Létolle René; Mainguet Monique, 1996, S. 31
[3] vgl. Sehring Jenniver, 2007, S. 498
[4] vgl. ebd. S. 499
[5] vgl. ebd. S. 497

„Die beiden einzigen [...] Wirtschaftszentren am Aralsee waren die Städte Aralsk im Nordosten und Muinak im Süden, hinzu kamen noch einige Fischerdörfer."[6] Nach dem zweiten Weltkrieg allerdings wurden Hunderttausende Hektar Land, die der landwirtschaftlichen Nutzung dienen sollten, erschlossen.[7]

3. Die Zuflüsse des Aralsees

3.1 Der Amudarja

Der Amudarja ist mit einer durchschnittlichen Abflussmenge von 79,3 km³ pro Jahr der größte Fluss Zentralasiens.[8]

Seinen Ursprung findet der Fluss an der Grenze von Tadschikistan und Afghanistan. Von dort aus fließt der Amudarja in Richtung Nord-Westen, bildet die Grenze zwischen den beiden Staaten und fließt dann entlang der Grenze von Turkmenistan und Usbekistan, bis er bei der Stadt Nukus eine Biegung nach Norden, in Richtung des Aralsees macht (vgl. Anhang Karte 1).

Sein Einzugsgebiet umfasst eine Fläche von 309 000 km². Gebildet wird der Amundarja durch den Zusammenfluss des Pjandsch mit einer Zuflussmenge von 34,3 km³ und des Wachschs mit einer Zuflussmenge von 20 km³. Beide Zuflüsse entstehen durch Schnee- und Gletscherschmelze des Pamir Gebirges.[9]

Am Oberlauf besitzt der Amudarja mit dem Kundas (6,7 km³), Kafirnigan (5,4 km³) und dem Surchandarja (3,3 km³) drei weitere große Zuflüsse.[10] Bis zur Mündung in den Aralsee fließen keine weiteren Flüsse mehr in den Amudarja.

Durch Infiltration, Verdunstung und vor allem durch wirtschaftliche Nutzung verliert der Zufluss zwischen Kerki bis Nukus fast sein gesamtes Wasser.

3.2 Der Syrdarja

Der Syrdarja ist nach dem Amudarja der zweitgrößte Fluss Zentralasiens.

Einschließlich aller Zuflüsse beläuft sich das Einzugsgebiet auf eine Fläche von 782 669 km². Er durchfließt von seiner Quelle bis zur Mündung in den Aralsee vier Staaten: Kirgistan, Tadschikistan, Usbekistan, und Kasachstan und zählt daher zu den sogenannten

---

[6] Létolle René; Mainguet Monique, 1996, S. 46
[7] vgl. ebd. S. 46
[8] vgl. Ernst Giese; Sehring Jenniver, 2007, S. 490
[9] vgl. ebd. S. 490
[10] vgl. ebd. S. 490

transnationalen Wasserverläufen. Seinen Hauptzufluss erhält der Syrdarja über den Naryn, dessen Einzugsgebiet in Kirgistan liegt. Die Speisung des Naryn erfolgt durch die Gletscher- und Schneeschmelze des Hochgebirges Tian Shan[11], sodass sein Abfluss im Frühjahr und im Hochsommer am stärksten ist.

Bei Taschkent fließt der Syrdarja erst in nördliche Richtung, ändert aber ca. 100 km vor dem Berg Bessage (2176 Meter) seine Richtung und fließt in nordwestlicher Richtung durch die Kysulkum-Wüste. 100 Kilometer vor Baikonur ändert der Fluss ein weiteres Mal seine Richtung, sodass er mit westlicher Stromrichtung in die Turansenke fließt und schließlich im nördlichen Teil des Aralsees mündet (vgl. Anhang Karte 1).

4. Ursachen und Auswirkungen der Aralsee-Katastrophe

4.1 Der Amudarja und Syrdarja

Die beiden Zuflüsse Amudarja und Syrdarja ermöglichen trotz der extremen klimatischen Bedingungen von bis zu 44 Grad Celsius im Juni, Juli und August sowie von bis zu 25 bis 35 Grad Celsius im Mai und September eine landwirtschaftliche Nutzung der trockenen Steppen- und Wüstenlandschaft Zentralasiens.[12]

„Bereits im Zuge der kolonialen Erschließung Zentralasiens durch Russland Ende des 19. Jahrhunderts begann die Ausweitung der Bewässerungslandwirtschaft – vor allem für den Aufbau einer Baumwollmonokultur."[13] Ab den 1950er Jahren, unter der sowjetischen Führung, forcierte sie jedoch massiv.[14] „Die Sowjetunion sollte auf dem Weltmarkt für Baumwolle etabliert und Zentralasien das Produktionszentrum werden."[15] Auch die Anbauareale für Gemüse, Winterweizen und Reis nahmen stetig zu. Gleichzeitig weitete man den Fischfang stark aus, denn Ziel war es, die Textil- und Nahrungsmittelindustrie der UdSSR von Importen unabhängig zu machen.[16] So ging die Sowjetunion von einer unbegrenzten Verfügbarkeit und Nutzbarkeit der natürlichen Boden- und Wasserressourcen aus.[17]

---

[11] Das Tian Shan, eingedeutscht Tienschan, ist ein etwa 2400 km langes, 400 km breites und bis 7439 m hohes Hochgebirge in der Großlandschaft Turkestan in Zentralasien. Es trennt den nördlichen und südlichen Teil Turkestans voneinander und erstreckt sich über die Staaten Kasachstan, Kirgistan, Tadschikistan und Usbekistan.

[12] vgl. https://www.wetteronline.de/?pcid=pc_rueckblick_data&gid=x7112&pid=p_rueckblick_diagram&sid=StationHistory&iid=35746&month=02&year=2018&period=52&metparaid=TXLD [Stand: 16.02.2018]

[13] Sehring Jenniver, 2007, S. 498

[14] vgl. Herbers Hiltrud, 2002, S. 25

[15] ebd. S. 498

[16] vgl. Reuschenbach Monika, 2005, S. 14

[17] vgl. Giese Ernst, 1997, S. 295

Um dieses Vorhaben realisieren zu können bauten die Agraringenieure und Planer der Sowjetunion eine „gigantische Bewässerungsinfrastruktur" auf. Diese Bewässerungsinfrastruktur basierte auf den beiden Hauptzuflüssen und bestand aus entsprechend großdimensionierten, multifunktionalen Staudämmen im Pamir und Tian Shan, dem Karakum-Kanal und tausenden kleinen Bewässerungskanälen.[18]

Insgesamt wuchs die bewässerte Fläche von 1913 bis 1950 von 2 Millionen Hektar auf 4,2 Millionen Hektar und von 1950 bis 1989 auf 7,4 Millionen Hektar an.[19] Davon wurden 1987 3,225 Millionen Hektar zum Anbau von Baumwolle und 300 000 Hektar zum Anbau von Reis genutzt.[20]

Der Baumwollanbau bräuchte pro Hektar normalerweise 7 500 bis 12 500 m³ Wasser im Jahr. In Usbekistan allerdings wurden 1990 für den Baumwollanbau 14 000 bis 15 000 m³ Wasser pro Hektar verbraucht.[21] „Zur Entsalzung der versalzten Böden werden im Mittel weitere 4 000 – 5 000 m³ Wasser pro ha und Jahr benötigt (*Sarybaev* 1991, S. 215)."[22] Der Wasserverbrauch liegt hier sechsmal höher als zum Beispiel in Israel. Der Reisanbau braucht mit 26 000 bis 34 000 m³ Wasser pro Hektar und Jahr wesentlich mehr als die Baumwollproduktion. „Am Unterlauf des Syr-darja [sic!] sollen pro Hektar Reisanbaufläche sogar 80 000 m³ Wasser im Jahr verbraucht w[o]rden [sein] (Glazovskij 1990, S. 75)."[23] Die Ursache dafür ist, dass die Wassernutzung kostenlos ist und ein geeignetes Kontrollsystem fehlt. So gingen etwa 44 Prozent des Drainagewassers, welches man hätte in die Flüsse zurückführen können, verloren, weil man es in die Wüste geleitet hat.[24]

Aufgrund dieser Wasservergeudung, welche durch den Karakum-Kanal[25] verstärkt wurde, gelangten statt 56 km³ Anfang der 1960er Jahre nur noch 6 km³ in den 1980er Jahren in den Aralsee. Das wenige Wasser, das den See noch erreicht, ist oft hoch kontaminiert mit Pestiziden, Herbiziden und anderen Düngemittelrückständen aus der Landwirtschaft. In manchen Jahren allerdings erreichten die Flüsse überhaupt nicht mehr den See.[26]

Folglich ist ein Massenaussterben vieler Lebewesen, vor allem das der Fische, zu beobachten (vgl. Abbildung 2).

---

[18] vgl. Hoffmann Thomas, 2002, S. 30
[19] vgl. Reuschenbach Monika, 2005, S. 14
[20] Hoffmann Thomas, 2002, S. 30
[21] vgl. Giese Ernst, 1997, S. 295
[22] ebd. S. 295
[23] ebd. S. 295
[24] ebd. S. 296
[25] Genaueres dazu in *4.2 Der Karakum-Kanal*
[26] vgl. Sehring Jenniver, 2007, S. 498

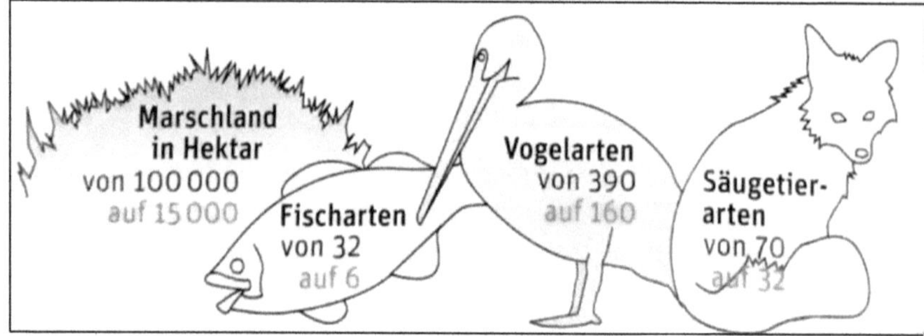

4.2 Der Karakum-Kanal

Wie bereits erwähnt wurden tausende Bewässerungskanäle gebaut. Darunter auch der Karakum-Kanal, der von dem Amudarja gespeist wird. Mit dem Bau wurde 1954 durch die Sowjetunion begonnen. Mit einer Länge von 1 600 km[27], einer Anfangsbreite von 250 Metern, einem Wasserdurchfluss von 650 m³ pro Sekunde und einer durchschnittlichen Tiefe von nur 6 Metern ist er ein sehr flacher aber auch der größte Bewässerungskanal weltweit.[28] Damit ist der Kanal länger als der Rhein, welcher der größte Strom Westeuropas ist, und hat zudem einen erheblich größeren Durchfluss. Der Karakum-Kanal entnimmt sein Wasser bei Basaga (Turkmenistan), 160 km westlich von Termiz (Usbekistan), dem Amudarja und fließt dann in westlicher Richtung weiter, während der Amudarja eine Biegung nach Nord-Westen macht. Bei Mary macht der Kanal eine Biegung in Richtung Süd-Westen, ändert seinen Verlauf aber 100 Kilometer weiter bei Tedschen erneut in nordwestliche Richtung. Der Karakum-Kanal weist ab Tedschen keine weitere Richtungsänderung auf und fließt entlang des Kopet-Dag-Gebirges[29] bis er ungefähr bei Kazanjik (Turkmenistan) austrocknet (vgl. Anhang Karte 1).[30]

> Offiziellen Angaben zufolge versorgt der Kanal 3,5 Mio. ha Weide- und 1 Mio. ha Bewässerungsland. Über 63 % des Getreideertrags, 48 % der Baumwollernte, 61% aller Gemüse, 63 % des Obstes, 60 % der Fleisch- und 47 % der Milchproduktion von Turkmenistan werden in dem Gebiet erzeugt, das vom Karakum-Kanal mit Wasser versorgt wird.[31]

---

[27] vgl. Reuschenbach Monika, 2005, S. 14
[28] Hoffmann Thomas, 2002, S. 34
[29] Das Kopet-Dag-Gebirge ist ein Gebirge an der Grenze zwischen Turkmenistan und dem Iran.
[30] Man kann nicht genau sagen, wo der Karakum-Kanal austrocknet, da es von Jahr zu Jahr anders ist.
[31] Hoffmann Thomas, 2002, S. 34

Außerdem betreibt der Kanal Stromgeneratoren, stellt Wasser für den privaten und industriellen Verbrauch bereit und ist streckenweise schiffbar. Aufgrund dessen wird er als eine der „[...] größten ingenieurtechnischen Leistungen der Sowjetzeit erachtet [...]".[32]

Der Karakum-Kanal trägt mit einem großen Anteil zur Austrocknung des Aralsees bei. Er ist für mindestens 22 Prozent des Wasserverlustes des Sees verantwortlich,[33] denn er erhält jährlich 12,9 km³ Wasser.[34] Diese 12,9 km³ entsprechen mehr als 10 Prozent der gesamten Wasserressourcen Zentralasiens. Nicht zu vernachlässigen ist, dass die Wassernutzungseffizienz des Kanals immer weiter sinkt und Zentralasien weltweit die Region mit der ineffizientesten Wassernutzung ist. „[...] [E]s wird geschätzt, dass zwischen 70 und 75 % des Wassers, das in den Kanal gespeist wird, vergeudet wird."[35] Diese hohen Zahlen kommen dadurch zustande, dass große Teile des Kanals nicht ausbetoniert oder marode sind und das Wasser versickern kann. Dadurch verwandelt sich der Karakum-Kanal bei Aschchabad sogar in einen Sumpf.[36] Außerdem wird der Kanal die meiste Zeit des Jahres auf höchster Kapazitätsstufe gefahren, was wiederum zu einer massiven Verschwendung von Wasser und einer unsachgemäßen Bewässerung auf den Feldern führt, sodass das viele Wasser auf den Feldern verdunstet.[37]

4.3 Der Toktogul-Stausee

In den 1960er Jahren wurden entlang des Naryn mehrere Wasserstaubecken gebaut, um eine bessere Abflussnutzung für Bewässerungszwecke zu erreichen. Das größte ist der Toktogul-Stausee mit einem Gesamtvolumen von 19,5 km³. Über diesen Stausee kann fast der gesamte natürliche Abfluss des Naryn reguliert werden. 1971 wurde der Bau des Stausees abgeschlossen und es konnten 480 000 Hektar neues Bewässerungsland erschlossen werden und die Wasserversorgung von 800 000 Hektar vorhandener Bewässerungsfläche in Usbekistan als auch in Kasachstan gewährleistet werden. Außerdem ist an den Toktogul-Stausee ein Wasserkraftwerk mit einer Leistung von 1,2 Megawatt gekoppelt. Zu Sowjetzeiten erfolgte die Grundversorgung durch Wärmekraftwerke und Stromlieferungen aus dem gemeinsamen Energiesystem Zentralasiens; mit solchen Wasserkraftwerken sollte der Energiebedarf in Spitzenverbrauchszeiten gedeckt werden. Allerdings wurden durch den Bau des Toktogul-Stausees 24 Ortschaften mit einer landwirtschaftlichen Nutzfläche von 21 000 Hektar überflutet. Diese Verluste als auch die

---

[32] vgl. ebd. S. 34
[33] Giese Ernst, 1997, S. 296
[34] vgl. ebd. S. 34
[35] Hoffmann Thomas, 2002, S. 34
[36] Giese Ernst, 1997, S. 296
[37] Hoffmann Thomas, 2002, S. 34

Betriebskosten wurden durch die innersowjetische Arbeitsteilung kompensiert. So erhielt Kirgistan landwirtschaftliche Produkte, Energieträger und Massenkonsumgüter.[38]

Abbildung 3: Die multifunktionale Staumauer des Toktogulstausees

4.4 Politische Veränderung

Mit dem Zusammenbruch der Sowjetunion im Jahr 1991 entstanden nicht nur sechzehn neue Staaten, sondern auch eine Vielzahl neuer Probleme. Das Verschwinden der Moskauer Zentralplanung erforderte von den zentralasiatischen Staaten regionale Kooperation, jedoch traten bislang unbedeutende nationale Interessen[39] in den Vordergrund.[40] Zum einen sollte die ökologische Katastrophe des Aralsees gelindert und zum anderen die Verteilung der Wasserressourcen zwischen den fünf Republiken Zentralasiens geregelt werden.[41]

„Die Staaten erkennen die gegenseitigen Interessen in Bezug auf Gebrauch und Schutz der Ressourcen sowie die Notwendigkeit an, den See zu erhalten." Kurz darauf folgten verschiedenste Abkommen und Erklärungen, welche die Notwendigkeit der Zusammenarbeit und das gemeinsame Interesse an der Rettung des Aralsees betonten. Insgesamt haben die Zentralasiatischen Staaten 150 Abkommen im Bereich Wasser verabschiedet. Ab 1993 setzte auch ausländische Hilfe ein. UNO, Weltbank, Rotes Kreuz, EU, NATO, OSZE, ADB, die Entwicklungsagenturen vieler Saaten darunter die der USA (UNEP, UNDP), der

---

[38] vgl. Ernst Giese; Sehring Jenniver, 2007, S. 487
[39] Mehr dazu in *4.4.1 Der Konflikt um das Wasser*
[40] Hoffmann Thomas, 2002, S. 30
[41] vgl. Sehring Jenniver, 2007, S. 503

Niederlande, der Schweiz, Japans und Kanadas und etliche NGOs betätigen sich in der Region.[42]

Das größte Programm ist das *Aral Sea Basin Program* (ASBP), das 1994 anlief.

> [...] Ziele sind die Stabilisierung des Aralsees auf einem nachhaltigen Niveau (das allerdings nicht näher definiert wurde), sozioökonomische Entwicklung des Katastrophengebietes, Strategie und Management für die Wasserressourcen des Amudarja und Syrdarja und die Errichtung und Stärkung von Organisationen zur Planung und Umsetzung dieser Maßnahmen. Die Priorität lag dabei auf Soforthilfe für die am stärksten betroffene Bevölkerung um den Aralsee.[43]

Es wurden in der ersten Phase bis 2003 280 Millionen US-Dollar an Krediten und 48 Millionen US-Dollar als Zuschüsse investiert. Allerdings blieb eine bemerkbare Verbesserung der Lebensbedingungen der Bevölkerung aus und die ökologische Situation ist nach wie vor katastrophal. „15 Jahre internationalen Krisenmanagements haben zu keiner Verbesserung geführt. Zwar reduzierte sich die Wasserentnahme [...] von 1980 bis 1995 um ca. 12 Prozent. Doch dies ist kaum den Programmen zu verdanken."[44] Eher war es die Folge der wirtschaftlichen Krise der „Transformationsphase"[45], die dazu führte, dass viele Bewässerungssysteme und damit auch Bewässerungsflächen brachlagen.

4.4.1 Der Ressourcenkonflikt

Wie bereits erwähnt hat die Eigenstaatlichkeit der ehemaligen sowjetischen Republiken Zentralasiens die Wasserprobleme in der Region verschärft. Die nationalen Entwicklungsstrategien der fünf Staaten führen zu gegensätzlichen Nutzungsansprüchen. Abgesehen von den Verteilungskonflikten der lebensnotwendigen Ressource rückt immer mehr der Konflikt zwischen Bewässerung und Energieproduktion, welcher zwischen Ober- und Unteranliegern herrscht, in den Vordergrund.[46]

Der größte Teil der oberflächlichen Wasserressourcen wird in den Hochgebirgsstaaten Tadschikistan und Kirgistan erzeugt. Sie verfügen aufgrund der Gletscher über ausreichende gebundene Wasserreserven, verfügen allerdings nicht über nennenswerte Vorkommen von Erdöl oder Erdgas. Zählt man Afghanistan auch dazu, so entfallen auf diese drei Staaten 87 Prozent der jährlichen Abflussbildung. Diese Oberanlieger-Staaten nutzen aber nur 17 Prozent des oberflächlichen Wasseraufkommens für wirtschaftliche Zwecke, die Unteranlieger-Staaten Kasachstan, Turkmenistan und Usbekistan hingegen 83 Prozent. Allein Usbekistan nimmt fast 59 Prozent des oberflächlichen Abflusses in Anspruch und nutzt

---

[42] vgl. ebd. S. 503
[43] Sehring Jenniver, 2007, S. 503
[44] ebd. S. 503
[45] Die Transformationsphase bezeichnet den Zeitraum bzw. die Phase zwischen dem Untergang der Sowjetunion und dem Wiederaufbau der einzelnen Republiken.
[46] vgl. Ernst Giese; Sehring Jenniver, 2007, S. 483

dies zu 90 Prozent für den Bewässerungsfeldbau.Im Durchschnitt werden allerdings nur 10 Prozent der erneuerbaren oberflächlichen Wasserressourcen auf usbekischem Territorium gebildet (vgl. Tabelle 1).[47]

Tabelle 1: Abflussbildung und Nutzung der erneuerbaren oberflächlichen Wasserressourcen im Becken des Aralsees nach Staaten (in Prozent)[48]

Staat	Abflussbildung			Nutzung	
	Amudarja	Syrdarja	Aralseebecken insgesamt	Amudarja	Syrdarja
Tadschikistan	62,90	2,70	43,40	17,92	9,07
Kirgisistan	2,00	74,20	25,10	1,03	0,85
Afghanistan und Iran	27,20	–	18,60	?	–
Usbekistan	6,00	16,60	9,60	41,76	51,76
Turkmenistan	1,90	-	1,20	39,29	-
Kasachstan	–	6,50	2,10	–	38,32
Gesamt	100	100	100	100	100,00

Die Gegenüberstellung aus Tabelle 1 zeigt, dass die drei Abnehmerstaaten Kasachstan, Usbekistan und Turkmenistan vom Wasserzufluss aus den Gebirgsstaaten Kirgistan und Tadschikistan sehr stark abhängig sind.

Zu Sowjetzeiten fand zwischen den energiereichen und wasserarmen Republiken Kasachstan, Turkmenistan und Usbekistan auf der einen und den wasserreichen aber energiearmen Republiken Tadschikistan und Kirgistan auf der anderen Seite ein von Moskau aus geregelter und zeitlich sinnvoll gestalteter Güteraustausch als „Bartergeschäft"[49] statt.[50]Die Nachteile, die die Staudämme in den Oberanlieger-Staaten mit sich brachten wurden durch Ressourcenlieferungen, wie Erdgas, Kohle und Erdöl, aus den Unteranlieger-Staaten kompensiert.[51]

Dieser regionale, auf Kooperation beruhende Lösungsansatz, wurde allerdings mit der Auflösung der Sowjetunion und der damit verbundenen Übergabe der Verfügungsgewalt über die Nutzung der natürlichen Ressourcen an die einzelnen Staaten, nicht

---

[47] vgl. ebd. S. 483

[48] Laut den Autoren Ernst Giese und Jenniver Sehring sind diese Daten aufgrund der mangelnden Messtechnik und der politischen Sensibilität ungenau. Die Datengrundlage stamme vom SIC-ICWC, dessen Glaubwürdigkeit von vielen internationalen Experten angezweifelt würde. Absolut verlässliche und objektive Messdaten existierten nicht, die genannten Daten seien als allgemeine Richtwerte zu verstehen.

[49] Bartergeschäft, auch als Kompensationsgeschäft bezeichnet, stellt eine Abwicklung von Warenlieferungen in gleichem Wert ohne Geldzahlung zwischen zwei Marktpartnern dar.

[50] vgl. Hoffmann Thomas, 2002, S. 31

[51] vgl. Ernst Giese; Sehring Jenniver, 2007, S. 485

weitergeführt.Um jedoch die Nachfrage nach mehr Energie befriedigen zu könne greifen die Oberanlieger-Staaten auf die aus sowjetischer Zeit stammenden Staudämme zur Gewinnung hydroelektrischer Energie zurück. Der größte Energiebedarf entsteht aufgrund der klimatischen Verhältnisse im Winterhalbjahr, sodass die Stauseen im Sommer aufgefüllt werden, um im Winter ausreichende Wassermassen zur Stromproduktion verfügbar zu haben. Jedoch gestaltet sich die Situation am Unterlauf der beiden Flüsse dementsprechend anders. Die ausgedehnten Bauwoll- und Reiskulturen verlangen hier vor allem in den Sommermonaten enorm viel Wasser, während der Wasserbedarf im Winterhalbjahr praktisch entfällt. Infolge dessen begannen die Unteranlieger-Staaten die Erdöl- und Erdgaslieferungen in Rechnung zu stellen und bei ausbleibenden Zahlungen die Belieferung zu stoppen. Daraufhin begannen die Gebirgsstaaten wiederum damit, ihre hydroelektrische Energiegewinnung auszubauen. Dieser Streit um die Wasserressourcen führt in den Sommermonaten dazu, dass die Baumwollproduzenten am Unterlauf zu wenig Wasser zur Verfügung haben und sie erhebliche wirtschaftliche Einbußen machen müssen.[52]

„Hinzu kommt der Wasserkonflikt zwischen Turkmenistan und Usbekistan um die Frage, wie viel Wasser die Turkmenen [...] dem Amu-Darja [sic!] zur Speisung des Karakum-Kanals, der Lebensader Turkmenistans, entnehmen dürfen."[53]

4.5 Folgen für die Wirtschaft

Der Zerfall der Sowjetunion stellte die zentralasiatischen Nachfolgestaaten im Bildungsbereich und Gesundheitswesen vor immense Herausforderungen. Bislang waren die Bereiche Bildung und Soziales, wie auch die meisten anderen Bereiche, von Moskau aus zentral gesteuert und finanziert worden. Die unabhängigen Staaten mussten nun selbst die Verantwortung übernehmen, jedoch erschwerten die ausbleibenden Zahlungen aus Moskau, die Desintegration der sowjetischen Wirtschaft und die hohe Inflation den Neuanfang.[54] Auch Grenzkontrollen, Visapflichten, Zölle, neue nationale Währungen und die Tatsache, dass die Menschen auf die russische Sprache verzichten, erschwert die gesamte Situation ebenfalls.[55]

2005 waren in den fünf Ländern Zentralasiens zwischen 25 und 33 Prozent der Bevölkerung jünger als 15 Jahre. Dieser hohe Anteil stellt ebenfalls besondere Anforderungen an den Staat. Erhalten diese Kinder keine vernünftige Ausbildung, so führt dies mittelfristig dazu, dass das Land den einmal erreichten Entwicklungsstand nicht halten kann. Dadurch, dass

---

[52] vgl. Hoffmann Thomas, 2002, S. 30 f.
[53] vgl. ebd. S. 31
[54] vgl. Gilster, Ansgar; Hättich Henriette, 2007, S. 511 f.
[55] vgl. Herbers Hiltrud, 2002, S. 25

die Länder ohnehin wenig Geld zur Verfügung haben, erhält das Personal der Verwaltungen zu niedrige Löhne und arbeitet ineffizient.[56]

Die Städte am Aralsee haben keinen Zugang mehr zu dem Wasser, weil sich die Küstenlinien des Aralsees zurückzogen und es zu kostspielig wurde immer längere Kanäle zu den Städten offen zu halten. Dadurch und aufgrund dessen, dass das verseuchte und versalzene Wasser ein Massensterben der Fische mit sich trug und für die Menschen lebensgefährlich wurde, wurde der kommerzielle Fischfang in den 1980er Jahren eingestellt und die Wirtschaft erlebte einen Niedergang. Aus diesem erholte sie sich bis heute nicht.

4.6 Der Aralsee heute

Durch den starken Eingriff des Menschen in die Natur der Aralsee-Region veränderte sich das Gleichgewicht zwischen Zufluss und Verdunstung des Aralsees.

So erreichen statt der einst 56 km³ Wasser Anfang der 1960er Jahre nur noch rund sechs km³ in den 1980er Jahren den See.

In Folge dessen tauchte in den Jahren 1987 bis 1989 eine damals noch unter dem Wasserspiegel liegende Schwelle auf, die den See in einen kleinen nördlichen und großen südlichen Teil teilte (vgl. Anhang Abbildung 2). Der nördliche Teil wird von dem Syrdarja und der südliche von dem Amudarja gespeist.[57] Der Salzgehalt im südlichen, größeren Aralsee stieg auf 50 Gramm pro Liter an und wird „[...] für biologisch tot erklärt."[58] Bis 1998 waren beide Teile durch ein zwölf Kilometer breites Rinnsal verbunden, jedoch begann Kasachstan einen Damm zu bauen, damit das Wasser nicht vom nördlichen See in den südlichen, tiefer gelegenen Aralsee fliest – wegen Geldmangels zunächst aus Sand.[59] Dieser brach jedoch zweimal.Mit finanzieller Unterstützung der Weltbank wurde dann der 13 Kilometer lange und zehn Meter hohe Kokaral-Damm inklusive Schleuse gebaut, der 2005 fertig gestellt wurde (vgl. Abbildung 4) (vgl. Anhang Abbildung 3).[60]

---

[56] vgl. Gilster, Ansgar; Hättich Henriette, 2007, S. 512
[57] vgl. Sehring Jenniver, 2007, S. 502
[58] vgl. Reuschenbach Monika, 2005, S. 15
[59] vgl. Sehring Jenniver, 2007, S. 502
[60] vgl. ebd. S. 502

Abbildung 4: Der Kokaral-Damm kurz vor der Fertigstellung

Die Gesamtfläche nahm von 1960 bis 2011 um schätzungsweise 82 Prozent von 67 499 km²
auf rund 12 130 km² ab. Betrachtet man die prozentuale Veränderung der Fläche der beiden
Teile des Sees getrennt, so ist diese bei dem südlichen Aralsee noch extremer (vgl. Tabelle
2).Auch die Veränderung des Volumens ist enorm. So sank dieses im gleichen Zeitraum von
1089 km³ auf etwa 90 km³ (vgl. Tabelle 2).

Tabelle 2: Aralsee 1960-2006 und Prognose für 2011

Jahr	Wasserniveau (m ü. NN)	Fläche (km²)	Prozent der Fläche von 1960	Volumen (km³)	Prozent des Volumens von 1960	Salzgehalt (Æ g/l)	Prozent des Salzgehaltes von 1960
1960 (gesamt)	53,4	67 499	100	1089	100	10	100
1960 (südlicher Teil)	53,4	61 381	100	1007	100	10	100
1960 (nördlicher Teil)	53,4	6118	100	82	100	10	100
1976	48,3	55 700	83	763	70	14	140
1989 (gesamt)		39 734	59	364	33		
Südlicher Teil	39,1	36 930	60	341	34	30	300
nördlicher Teil	40,2	2804	46	23	28	30	300
2006 (gesamt)		17 382	26	108	10		
Südlicher Teil	30	14 325	23	81		ost: 100 west: >100	1000 >1000
nördlicher Teil	40,5	3057	50	21	26	12	120
2011 (gesamt)		12 130	18	90	8		
Südlicher Teil	28,3	8550	14	62	6	>100	>1000
nördlicher Teil	42,5	3580	59	28	32	10	100

Der Damm hat den nördlichen, kleinen Aralsee gerettet und ließ dessen Wasserspiegel
bereits im Folgejahr um zwei Meter steigen.[61] Auch der Salzgehalt ging zurück, das
Ökosystem erholte sich, einzelne Fisch- und Vogelarten kehrten zurück und inzwischen ist
sogar wieder Fischerei möglich.[62] Das Wasservolumen ist bereits größer als ein Drittel des
Wasservolumens von 1960 und auch die Wasseroberfläche hat bereits über 60 Prozent der
damaligen erreicht.

---

[61] vgl. Micklin, Philip; V. Aladin, Nikolay, 2008, S. 68
[62] vgl. Sehring Jenniver, 2007, S. 502

Stattdessen bedeutete der Damm für den südlichen Teil eine Verschlimmerung der Situation. Dieser wird seit der Fertigstellung des Kokaral-Damms nur noch von dem Amudarja gespeist und trocknet noch schneller aus.[63] Der südliche Teil wiederum teilte sich nach weiterem Austrocknen in ein tiefes westliches sowie flaches östliches Becken. Diese beiden Becken sind über einen schmalen Kanal im Norden miteinander verbunden. Die Insel Wosroschdenije verschmolz 2001 mit dem Festland im Süden. Das östliche Becken ist aufgrund der geringen Tiefe großen Schwankungen ausgesetzt und ist schon mehrmals komplett ausgetrocknet.Das zurückweichende Wasser hat 54 000 km² Seeboden freigelegt. Dieser ist versalzen und stellenweise mit Pestiziden, Herbiziden und anderen Chemikalien aus den landwirtschaftlichen Abwässern verseucht und ist daher in keiner Weise landwirtschaftlich nutzbar. Diese Flächen sind heute gewaltige Salz- und „Giftwüsten". Außerdem findet man häufig zurückgelassene, verrostete und gestrandete Kutter der ehemaligen Fischer (vgl. Abbildung 4 und 5).

Abbildung 5: Der Aralsee am 21.08.2016

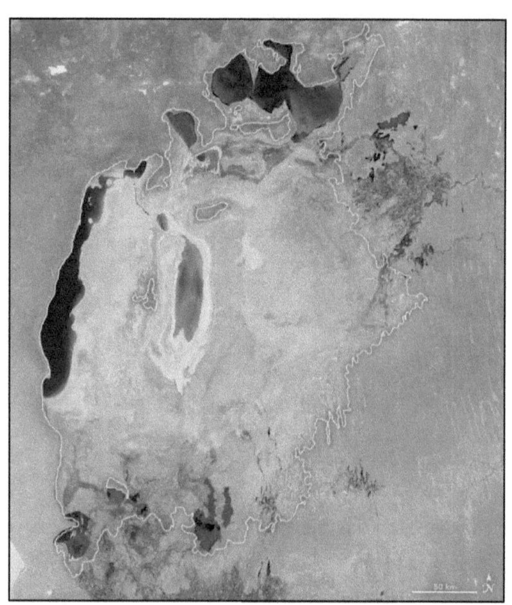

4.7 Folgen für die Menschen

Da es keine kontrollierte Versorgung mit Nahrungsmitteln mehr gab, konnten sich die Menschen, die in den Fischerdörfern an der Küste des Aralsees lebten, nicht mehr wie gewohnt Nahrungsmittel kaufen. Aufgrund dessen, dass sich die Küste des Aralsees zu weit entfernte, die Menschen größtenteils keinen Fischfang mehr betreiben können und es nicht möglich ist ohne Bewässerung etwas auf dem trockenen, teils verseuchten Boden anzupflanzen, mussten die Menschen entweder flussaufwärts ziehen oder von der Viehzucht leben.Auch Bildungseinrichtungen schlossen aufgrund des Geldmangels der Staaten vermehrt.

Stürme tragen Salz, Staub und Schadstoffe bis zu 500 Kilometer weit. Meist kommen diese aus Norden und belasten das südlich gelegene Delta des Amudarja (vgl. Anhang Abbildung 4).[64] Durch die Armut der Menschen, die teils fehlende Gesundheitsversorgung, der Umweltbelastungen und mangelnder Hygiene stieg die Zahl der Krebserkrankungen und Infarkten in Zentralasien stark an.[65]

„Nach Aussage von Gesundheitsexperten leidet die lokale Bevölkerung durch die salzhaltige Luft und das versalzene Wasser stark unter Atembeschwerden. [...] Leber- und Nierenleiden, aber auch Augenprobleme sind häufig."[66] So sank die Lebenserwartung von 65

---

[64] vgl. Micklin, Philip; V. Aladin, Nikolay, 2008, S. 67
[65] vgl. Gilster, Ansgar; Hättich Henriette, 2007, S. 514
[66] Micklin, Philip; V. Aladin, Nikolay, 2008, S. 67

Jahren auf 61 Jahre.[67] Auch die Kindersterblichkeit nahm rapide zu, sodass man 2005 in Turkmenistan 81 Todesfälle pro 1000 Geburten verzeichnete.[68]

Auch die Insel Wosroschdenije stellt eine große Gefahr für die Menschen dar. Solange sie noch von Wasser umgeben war, testete die Sowjetunion dort Biowaffen (vgl. Anhang Karte 2). „Die Erreger von Milzbrand, Tularämie [...], Bruzellose, Pest, Typhus, Pocken und Botulismus wurden an Pferden, Affen, Schafen, Eseln und anderen Versuchstieren [...] [getestet]."[69] Durch die bereits erwähnte Verschmelzung mit dem Festland „[...] befürchten Gesundheitsexperten, dass einzelne Erreger überlebt haben könnten. Womöglich werden sie durch Flöhe von infizierten Nagern auf Menschen übertragen, oder Terroristen bekommen Zugriff darauf.[70]

5. Lösungsansätze

5.1 Technokratische Lösungsansätze

5.1.1 Wasser aus dem Kaspischen Meer

Experten zufolge soll es möglich sein, dem Kaspischen Meer oder der unteren Wolga Wasser zu entnehmen und dieses in den Aralsee umzuleiten. Der Wasserspiegel des Kaspischen Meers verzeichnet seit 1978 einen stetigen Anstieg und so könnten 60 km³ Wasser aus diesem entnommen und über das Trockenbett des Uzboj geleitet werden. Allerdings ist ein solches Vorhabe sehr teuer und stößt bei der Bevölkerung auf großen Widerspruch.[71]

5.1.2 Umleitung sibirischer Flüsse

Bereits seit 1868 haben Menschen die Idee sibirische Flüsse umzuleiten und den Aralsee zu vergrößern. Im 20. Jahrhundert kamen vermehrt Vorschläge und Ideen zur Umsetzung ins Gespräch. Es arbeiteten sogar 160 Institute und 65 000 Planer und Technokraten an Umleitungsplänen. Jedoch warten Geowissenschaftler, Wirtschaftswissenschaftler und Umweltschützer vor den unwägbaren klimatischen Folgen. Zudem wurden die Finanzierbarkeit und ökonomische Zweckmäßigkeit in Frage gestellt. Auch Schriftsteller und

---

[67] vgl. ebd. S. 67
[68] vgl. Gilster, Ansgar; Hättich Henriette, 2007, S. 514 f.
[69] Micklin, Philip; V. Aladin, Nikolay, 2008, S. 67
[70] vgl. ebd. S. 67
[71] vgl. Giese, Ernst, 1997, S. 297

Filmemacher leisteten heftigen Widerstand und so wurden Projektierungs- und Vorbereitungsarbeiten eingestellt.[72]

5.2 Ökonomische Lösungsansätze

5.2.1 Baumwollanbau

„Diskutiert werden eine Änderung der Baumwoll-Exportpolitik, die Einschränkung der Produktionsmenge von Baumwolle, eine Reduzierung der Anbaufläche für Baumwolle und der Abbau der Baumwoll-Monokultur." [73]Vorgeschlagen wird, dass die Anbaufläche von Baumwolle von 3,5 Mio. Hektar (1987) auf 2,0 bis 2,5 Mio. Hektar zu reduzieren. Die freiwerdende Anbaufläche sollte stattdessen zur Erzeugung von Nahrungsmitteln und Futterpflanzen dienen. Dadurch müsste Usbekistan deutlich weniger Milchprodukte, Zucker und andere Nahrungsmittel importieren und könnte sich zu großen Teilen wieder selbst ernähren.[74]

5.2.2 Reisanbau

Reis ist die wasserintensivste Nutzpflanze und es wäre daher sinnvoll, die Reisanbaufläche zu reduzieren. „Würde man nur so viel Reis erzeugen, wie zur Ernährungssicherung der Bevölkerung der Region notwendig ist, könnte der Reisanbau auf eine Fläche eingeschränkt werden, die es erlaubt, 3-4 km³ Wasser im Jahr einzusparen."[75]

6. Fazit

Bis vor ein paar Jahren hatten die meisten Beobachter den Aralsee bereits abgeschrieben. Wie die Fortschritte im Norden allerdings demonstrieren, lassen sie beträchtliche Teile des verbliebenen Sees jedoch ökologisch und ökonomisch retten. Es zeigt sich, welche verheerenden Schäden moderne nach immer mehr strebenden Gesellschaften mit mehr oder weniger hochtechnisierter Landwirtschaft der Natur und als Folge auch der eigenen Bevölkerung zufügen können.

---

[72] vgl. ebd. S. 297
[73] vgl. Giese, Ernst, 1997 S. 298
[74] vgl. ebd. S. 298
[75] vgl. ebd. S. 298

Auch andere stehende Gewässer auf der Erde sind von Austrocknung und Versalzung bedroht. Dazu gehören zum Beispiel der Tschadsee in Zentralafrika und der Saltonsee im südlichen Kalifornien. Aufgabe ist es, die Fehler der Sowjetunion nicht zu wiederholen und zu zeigen, dass wir etwas von der Umweltkatastrophe in Zentralasien gelernt haben.

So ist die natürliche Umwelt schnell zerstört, die Reparatur des Schades aber ist langwierig und mühsam. Aufgrund dessen sollten langfristige Konsequenzen größerer Eingriffe in die Natur im Vorfeld sorgfältig und akribisch geprüft werden.

Zwar werden irgendwann auch die Gletscher durch die Erderwärmung komplett abgeschmolzen sein und es wird dann auch kaum noch Süßwasser aus den Gebirgen kommen, jedoch sollten Ausreden und schnelle Abhilfe bei komplexen ökologischen Katastrophen keine Option sein.So brächte eine einschneidende Beschränkung beim Baumwollanbau ausschließlich mehr Wasser in den See, würde in der Wirtschaft allerdings verheerende Folgen mit sich bringen. Außerdem erfordern nachhaltige Lösungen Geld und Innovationen und müssen zusätzlich politisch und ökonomisch durchführbar sein.

Festzuhalten ist, dass Natur und Umwelt erstaunlich belastbar sind und es für Rettungsversuche nie zu spät ist. Ich finde, wir sollten nie vergessen, dass wir von unserer Umwelt abhängig. Wir sollten versuchen, mit dieser viel vernünftiger, bedachter und respektvoller im Alltag umzugehen, sodass in ihr auch noch nachfolgende Generationen leben können.

7. Literaturverzeichnis

Giese, Ernst (1997): Die ökologische Krise der Aralseeregion.   In: *Geographische Rundschau, 49. Jg.*, S. 293-299.

Giese, Ernst; Sehring Jenniver (2007): Konflikte ums Wasser.   In: *OSTEUROPA, 57. Jg., 9/2007,* S. 483-496.

Gilster, Ansgar; Hättich Henriette (2007): Niedergang, Stagnation, Aufstieg.   In: *OSTEUROPA, 57. Jg., 9/2007,* S. 511-530.

Herbers, Hiltrud (2002): The winner takes it all.   In: *Geographie heute, 23. Jg., 10/2002,* S. 25.

Hoffmann, Thomas (2002): Wasserstreit in Mittelasien.   In: *Geographie heute, 23 Jg., 10/2002,* S. 30-34.

Létolle, René; Mainguet, Monique (1996): *Der Aralsee. Eine ökologische Katastrophe.* Berlin Heidelberg: Springer-Verlag

Micklin, Philip; V. Aladin, Nikolay (2008): Rettung für den Aralsee?   In: *Spektrum der Wissenschaft, 10/2008,* S. 64-71

Pennig, Lars; Uhlenbrock, Kristian (2012): Infoblatt Aralsee.   URL: https://www.klett.de/alias/1006578 [Stand: 14.06.2012]

Reuschenbach, Monika (2005): Umweltkatastrophe am Aralsee. In: *Geographie heute, 26. Jg.,* S. 14-15.

Sehring, Jenniver (2007): Die Aralsee-Katastrophe.   In: *OSTEUROPA, 57. Jg., 9/2007,* S. 497-510.

8. Verzeichnis der Grafiken und Tabellen

Abbildung 1: Zentralasien: Ein Blick von dem Weltraum aus

Quelle: https://s.hswstatic.com/gif/caspianseaevap-1.jpg

Abbildung 2: Ökologischer Niedergang zwischen 1960 und 2000

Quelle: Spektrum der Wissenschaft, 10/2008, S. 66

Abbildung 3: Die multifunktionale Staumauer des Toktogulstausees

*Quelle: https://austria-forum.org/attach/Geography/Asia/Kyrgyzstan/Pictures
/Osh/Toktogul_-_Dam_Wall/B041_Staumauer_Toktogul_Staumauer
_Toktogul.jpg*

Abbildung 4: Der Kokaral-Damm kurz vor der Fertigstellung

Quelle: Spektrum der Wissenschaft, 10/2008, S. 68

Abbildung 5: Der Aralsee am 21.08.2016

*Quelle: https://earthobservatory.nasa.gov/Features/WorldOf
Change/aral_sea.php*

Abbildung 6: gestrandete Boote auf dem Aralseeboden

Quelle: https://www.nasa.gov/mission_pages/landsat/news/ 40th-top10-aralsea.html

*Tabelle 1: Abflussbildung und Nutzung der erneuerbaren oberflächlichen
Wasserressourcen im Becken des Aralsees nach Staaten (in Prozent)*

*Quelle: SPECA (UN Special Programme fort he Economies of Central Asia):
Strengthening Cooperation for Rational and Efficient Use of Water and energie
resources in Central Asia. New York 2004, S. 27, 28, 36.*

Tabelle 2: Aralsee 1960-2006 und Prognose für 2011

Quelle: Eurasian Geography and Economics 5/2006, S. 549

9. Anhang

Karte 1: Zentralasien Physische Übersicht

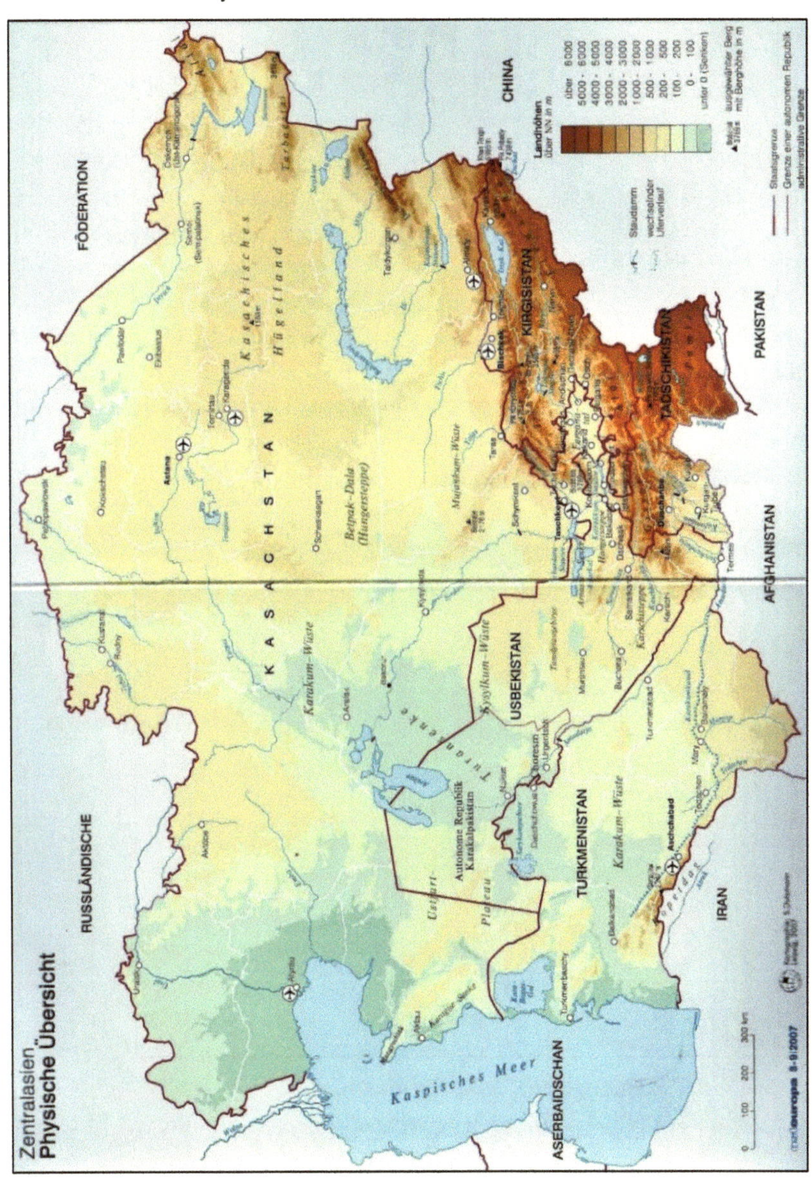

Quelle: OSTEUROPA, 57. Jg., 9/2007, S. 648

Karte 2: Altlasten der Sowjetunion in Zentralasien

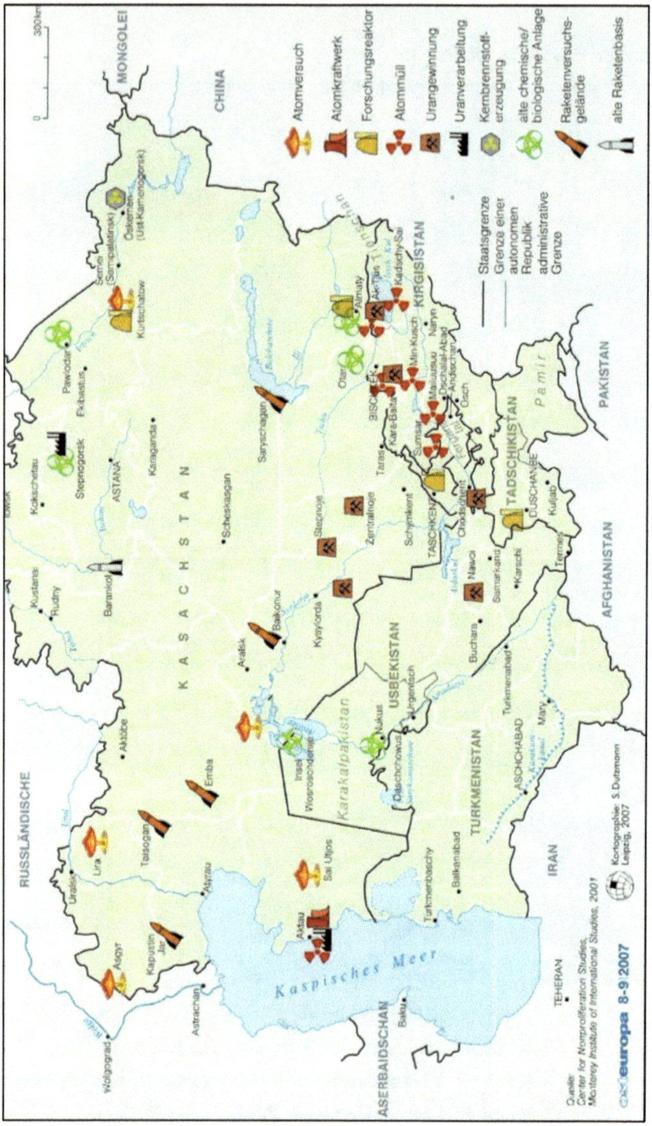

Quelle: OSTEUROPA, 57. Jg., 9/2007, III.4

Abbildung 1: Satellitenbild des Aralsees im Jahr 1977

Quelle: https://www.nasa.gov/images/content/667758main_Aral%20Sea%201977.jpg
*   [Stand: 16.02.2018]*

Abbildung 2: Satellitenbilder der Schwelle zwischen dem nördlichen und südlichen Aralsee
im Zeitverlauf

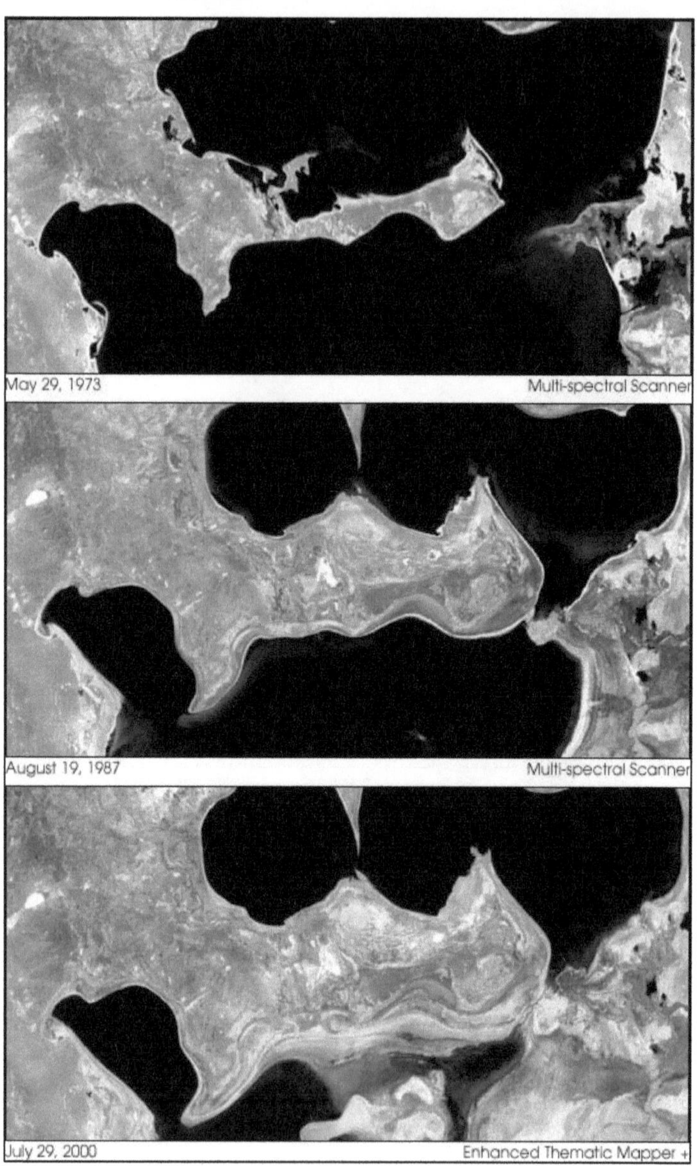

Quelle: https://earthobservatory.nasa.gov/IOTD/view.php?id=1396   [Stand: 16.02.2018]

Abbildung 3: Satellitenbild des Kokaral-Staudamms 5.08.2017

Quelle: https://earthobservatory.nasa.gov/IOTD/view.php?id=90857 [Stand: 16.02.2018]

Abbildung 4: Satellitenbild Aralsee Schadstoffsturm 29.04.2008

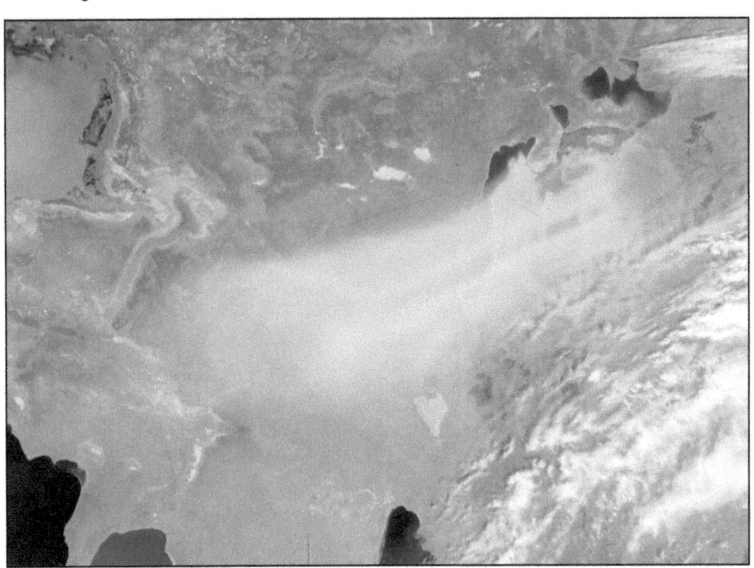

Quelle: *https://earthobservatory.nasa.gov/NaturalHazards/view.php?id=19853&eocn
=image&eoci=related_image* [Stand: 16.02.2018]

Abbildung 5: Satellitenbild schrumpfender Aralsee 2000 – 2008

Quelle: https://earthobservatory.nasa.gov/IOTD/view.php?id=9036 [Stand: 16.02.2018]

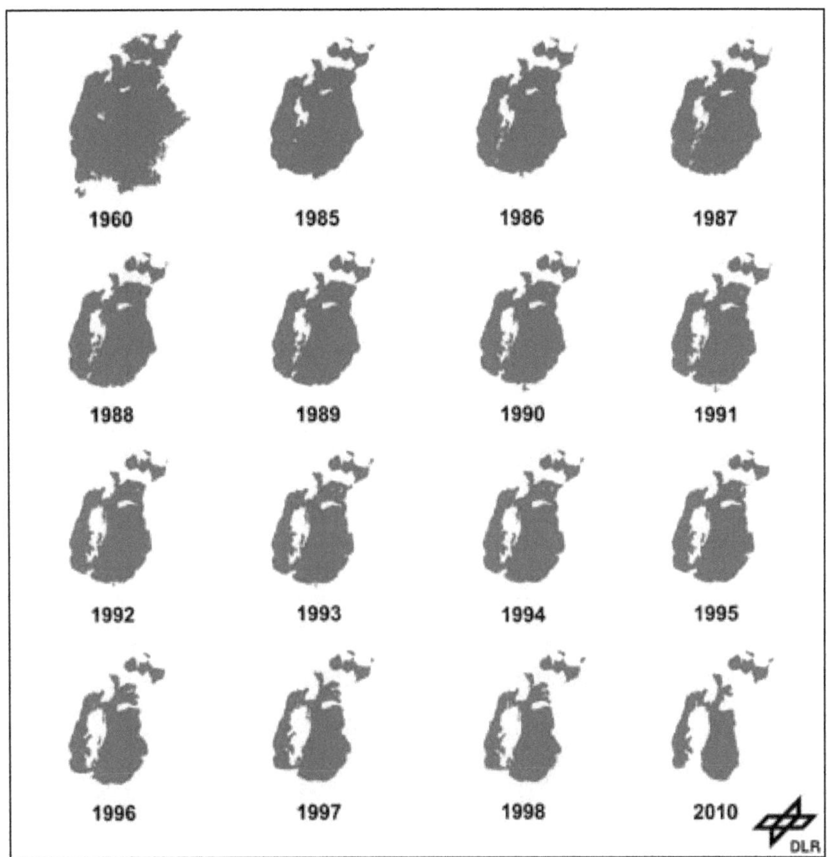

Quelle.   *https://www.altes-gymnasium-bremen.de/wasserprojekt/aralsee/lang_aralsee.htm*
[Stand: 16.02.2018]